U0258740

通识学院

101 Things I Learned in Engineering School

关于工程的101个常识

[美] 约翰·库普雷纳斯 (John Kuprenas)　[美] 马修·弗雷德里克 (Matthew Frederick) 著　曲杨 译

中信出版集团 | 北京

图书在版编目（CIP）数据

关于工程的 101 个常识 /（美）约翰·库普雷纳斯，（美）马修·弗雷德里克著；曲杨译 . -- 北京：中信出版社，2023.10

（通识学院）

书名原文：101 Things I Learned in Engineering School

ISBN 978-7-5217-5289-2

Ⅰ . ①关… Ⅱ . ①约… ②马… ③曲… Ⅲ . ①工程一基本知识 Ⅳ . ① T

中国国家版本馆 CIP 数据核字（2023）第 143737 号

关于工程的 101 个常识

著　　者：[美] 约翰·库普雷纳斯　　[美] 马修·弗雷德里克
译　　者：曲杨
出版发行：中信出版集团股份有限公司
　　　　　（北京市朝阳区东三环北路 27 号嘉铭中心　邮编　100020）
承　印　者：北京盛通印刷股份有限公司

开　　本：787mm×1092mm　1/32
印　　张：6.5
字　　数：99 千字
版　　次：2023 年 10 月第 1 版
印　　次：2023 年 10 月第 1 次印刷
京权图字：01-2019-7272
审　图　号：GS 京（2023）1746 号
书　　号：ISBN 978-7-5217-5289-2
定　　价：48.00 元

作者序

工程师认为他们的职业既迷人又充满创造力，也不乏有趣的挑战。而那些不从事这一行业的人则常常认为它很单调、机械，让人感到乏味。

但无论从哪个角度看，工程都是一门复杂的学科。它需要对数学、物理和化学进行深入的研究，大学前两年的课程几乎都在讲授这些知识。然而，在专注于这些知识的同时，大学课程往往缺少相关知识背景的介绍。当我还是一名初学工程的学生时，我感到很沮丧，因为我在课堂上学习的计算和抽象概念很难与现实世界联系起来。工程课程通常注重细节，却缺乏整体的视角。

《关于工程的 101 个常识》反其道而行之。它主要以工程背景为切入点，强调了一些基本概念背后的常识、不同专业之间交织的主题以及可以从现实环境中得出的简单抽象原理。通过这种方式，可以全面地展示细节和整体。

　　希望这本书能够吸引和启迪正在寻求数学和科学知识发展背景的大学生，激励从业工程师反思他们领域中的微妙关系，并鼓励外行人像工程师一样看待工程世界。这个世界很迷人，充满创造性、挑战性及合作，且付出终会有回报。

约翰·库普雷纳斯

致谢

来自约翰

感谢韦斯顿·赫斯特、基思、克兰德尔、本·格威克、威廉·C. 埃布斯、波维达尔·K. 梅赫塔、戴维·布莱克韦尔。在天窗书店和鲍威尔书店的书籍中，在费加罗咖啡馆的交谈中，我获得了启发和灵感，在此表示感谢。

来自马修

感谢特里西娅·博奇科夫斯基、雷吉娜·布鲁克斯、南希·贝尔纳斯、索切·费尔班克、文卡塔拉马纳·加达哈姆赫蒂、哈莫尼·霍利、马特·英曼、安德烈亚·劳、戴夫·麦克内利、阿曼达·帕滕、安杰利·罗德里格斯、阿龙·桑托斯、西蒙·谢林、莫莉·斯特恩、里克·沃尔夫。特别感谢马歇尔·奥丹、迈耶夫·博登霍弗和戴维·马拉德的创意、帮助和支持。

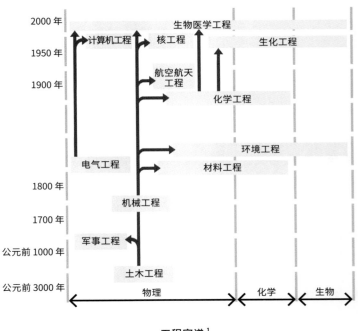

图中文字：

2000 年 — 生物医学工程

计算机工程　核工程

1950 年 — 生化工程

1900 年 — 航空航天工程

化学工程

电气工程　环境工程

材料工程

1800 年

机械工程

1700 年

军事工程

公元前 1000 年

土木工程

公元前 3000 年 — 物理　化学　生物

工程家谱 [1]

1　插图改编自马克·霍尔扎普尔和 W. 里斯的 *Foundations of Engineering*，McGraw-Hill Science/Engineering/Math, 2nd ed., 2002, p. 9。

土木工程是所有工程的鼻祖

在罗马帝国早期，土木工程是军事工程的同义词。1802年，美国第一所工程学院在纽约州西点军校成立，当时它们之间的关系仍然非常紧密。西点军校的毕业生规划、设计并指导了美国早期许多基础设施的建设，包括公路、铁路、桥梁和港口，并绘制了美国西部大部分地区的地图。

输入　　　　　　　　　　　　　输出

黑箱是工程成败的关键因素

工程是一个专业领域，不同的人或团队负责一个项目的不同方面。**黑箱**在概念上包含了工程专业的知识和过程。在多学科设计团队中，一个学科黑箱的输出会成为一个或多个其他学科黑箱的输入。例如，燃料系统的设计师在"燃料系统黑箱"中工作，该黑箱会提供输出，供发动机设计师使用；而发动机设计师的黑箱输出的内容又会传送给自动变速器设计师，以此类推。

然而，设计解决方案的过程并非线性的，团队之间的相互协调也很复杂。因此，黑箱模型只能提供一个暂时的理想解决方案。随着设计过程的变化，会出现新的限制条件和更多的方案，原型机经过测试后会给出反馈，目标也会变得更加明确。这时，该解决方案也需要进行动态调整和重构。因此，如果认为黑箱模型是不变的和有序的，就会导致失败。

工程的核心不是计算，而是解决问题。

尽管学校教育通常会将数字计算放在首位，但计算既不是工程的起点，也不是其最终目标。计算只是众多方法之一，用于寻找一种解决方案，以实现有效的、客观可衡量的进步。

130 磅的力

作用效果

单力矢量

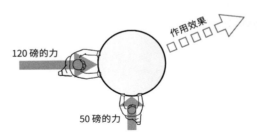

120 磅的力

作用效果

50 磅的力

两个等效力矢量

人的推力是矢量

　　力可以通过矢量图形来表示。矢量的长度代表其大小，方向则是相对于 x 轴、y 轴和 z 轴给定的。每个人都有一个指向地球中心的重力矢量，其大小（重量）以磅[1]或牛顿为单位。任何单矢量都可以被多个矢量分量替代，反之亦然，只要它们产生等效的净结果。

---

[1]　1 磅 ≈ 0.45 千克。——编者注

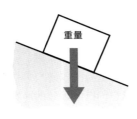

斜坡上的方块

重力矢量分量

受力图

每个问题都建立在熟悉的原理之上

每个问题都可以从一个"引子"开始，即该问题中包含的人们所熟知的静力学、物理学或数学的基本概念。当遇到一个复杂的问题时，应识别其中哪些方面可以通过熟悉的原理和方法来掌握。这可以通过直觉或系统化的方式来实现，只要你最终用来解决问题的方法是科学合理的。从熟悉的方面入手，可以提示你需要掌握哪些新方法和知识，引领你找到解决问题的途径。

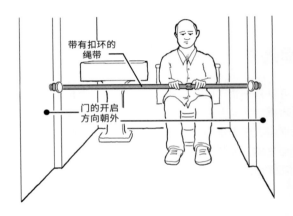

带有扣环的
绳带

门的开启
方向朝外

魁北克的前路易十四酒店如何防止客人把公共浴室的门反锁 [1]

---

1 该插图涉及拉尔夫·卡普兰的 *By Design: Why There Are No Locks on the Bathroom Doors in the Hotel Louis XIV and Other Object Lessons*，St. Martin's Press，1982。

每个问题都是独特的

　　工程问题的解决依赖于熟悉的方法，但同时也需要创新。有些问题的解决方法是通过死记硬背和重复开发得到的，有些则凭直觉产生，有些原本需要死记硬背的方法随着时间的流逝变得直观易懂，而有些则是在必要甚至紧迫的情况下应运而生的。将解决每个问题时开发的工具添加到工具箱中，以备将来解决类似问题之需。更重要的是，将发现新工具的方法也添加到工具箱中。

直管
每 100 英尺[1] 长的摩擦
损失为 5.5 英尺

90 度弯头
摩擦损失与 4 英尺长
直管相同

45 度弯头
摩擦损失与 2 英尺长
直管相同

三通接头侧出口
摩擦损失与 8 英尺长
直管相同

为了将压力损失进行简化，将所有组件转换为等效长度的直管
（假设直径为 1.5 英寸[2]，PVC 管道初始流量为每分钟 30 加仑[3]）

1　1 英尺 =30.48 厘米。——编者注
2　1 英寸 =2.54 厘米。——编者注
3　1 加仑（美）≈ 3.8 升，1 加仑（英）≈ 4.5 升。——编者注

每个大问题内部都潜藏着一个需要被发掘和解决的小问题。

——托尼·霍尔

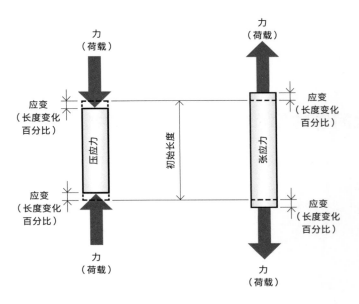

物体受到力的作用，产生应力，并展现应变。

在日常生活中，人们常常将"力"、"应力"和"应变"这些词混用，即使工程师在使用时也可能不够准确和严谨。然而，这三个词的含义是有所不同的。

力通常被称为"荷载"，存在于物体外部，并作用于物体，可以改变物体的速度、方向或形状。潜艇艇体上的水压、桥梁上的雪荷载和摩天大楼侧面的风荷载，都是力的实例。

应力是一个物体对外部作用力的内部阻力，是指力除以面积得到的量，通常以单位，如"磅 / 平方英寸[1]"来表示。

应变是应力的产物，是物体变形或变化的可测量百分比，例如长度的增加或减少。

---

1 1 平方英寸 ≈ 6.45 平方厘米。——编者注

物体保持静止

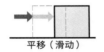

平移（滑动）

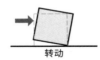

转动

物体运动

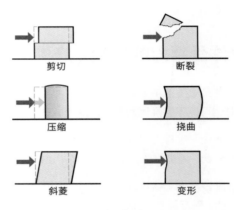

剪切

断裂

压缩

挠曲

斜菱

变形

物体改变形状

力对物体的作用有三种效果

　　物体受到力的作用，会保持静止、移动、改变形状，或经历以上几种反应的组合。机械工程通常寻求利用运动，而结构工程通常寻求避免或最小化运动。大多数工程学科的目标是尽量减少设计对象形状的变化。

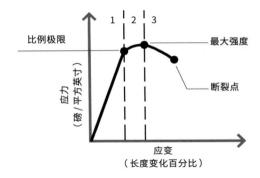

比例极限

1 2 3

最大强度

应力
（磅／平方英寸）

断裂点

应变
（长度变化百分比）

简化的应力—应变曲线

当作用于固定物体上的力增加时，会出现三种情况。

1. **比例延伸阶段：** 物体（如钢筋）受到拉伸力的作用时，最初会按照所受的荷载成比例地变形。如果荷载 x 导致钢筋变形 d，那么荷载为 $2x$ 时将导致钢筋变形 $2d$，荷载为 $3x$ 时将导致钢筋变形 $3d$，以此类推。如果荷载被移除，钢筋将恢复到其原始长度。

2. **非比例延伸阶段：** 超过一定荷载点时，物体变形的速度将大于荷载增加的速度，这个荷载点因材料而异。如果荷载 $10x$ 导致物体变形 $10d$，那么荷载 $10.5x$ 可能导致物体变形 $20d$。当荷载被移除时，物体不能完全恢复到其原始长度。

3. **延性阶段：** 如果荷载进一步增加，物体将出现明显的变形，并很快断裂。

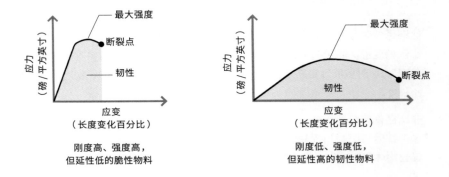

简化的应力—应变曲线

材料的四种特性

刚度 / 弹性涉及材料在荷载作用下的延长或缩短。刚度是对长度变化的阻力，弹性是恢复原来大小和形状的能力。刚度可以通过弹性模量来正式测量，它是应力—应变曲线直线部分的斜率：斜率越陡峭，刚度越高。

强度用来衡量材料承受荷载的能力。材料的最大强度（通常在拉伸而非压缩测试中测得）由应力—应变曲线上的最高点表示。

延性 / 脆性是材料在断裂前变形或伸长的程度。延性高的韧性物料类似于太妃糖，其应力—应变曲线可以向右延伸得很远。脆性物料类似于粉笔，其曲线在达到最大强度后就会突然终止。

韧性是衡量材料在断裂前吸收能量的能力的综合指标，用应力—应变曲线下的总面积表示。

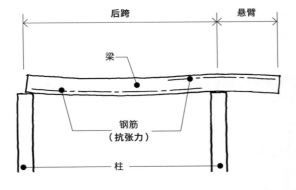

后跨　　　　　悬臂

梁

钢筋

（抗张力）

柱

钢筋混凝土梁

材料相互竞争

　　材料随着大气条件的波动而收缩和膨胀，并随着时间的推移而改变强度、形状、大小和弹性。不同材料具有互补的特性时，可以被巧妙地结合在一起。钢和混凝土在温度变化时以几乎相同的速率膨胀和收缩；若非如此，钢筋混凝土梁在普通的温度波动下会自行撕裂。

　　更常见的情况是，材料之间并不是相安无事的。相互接触时，它们会争夺电子，导致腐蚀；它们的大小和形状随着温度、湿度和气压的变化而以不同的速率变化；它们对磨损、撕裂和维护的反应也各不相同。例如，飞机轮胎和安装其上的轮子会以不同的方式对温度、气压和荷载的快速变化做出反应。在设计时，需要确保整个系统能够在其所有组件的物理行为范围内正常工作，以维护系统的完整性。

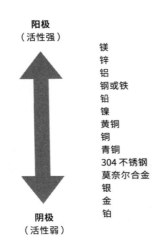

阳极
（活性强）

镁
锌
铝
钢或铁
铅
镍
黄铜
铜
青铜
304 不锈钢
莫奈尔合金
银
金
铂

阴极
（活性弱）

部分电偶序

电池因腐蚀而工作

　　所有金属表面都有松散的电子。当两种金属接触时，它们的原子竞相吸引电子。更"高贵"的金属（**阴极**）吸引更"活跃"的金属（**阳极**）的电子。电子的运动导致阳极腐蚀，并产生电流。普通家用电池使用碳锌产生电流，其中锌比碳（通常被认为是一种"类金属"，其行为类似于金属）更容易被腐蚀。

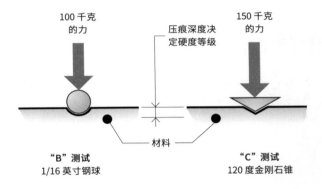

100 千克
的力

压痕深度决
定硬度等级

150 千克
的力

"B"测试
1/16 英寸钢球

材料

"C"测试
120 度金刚石锥

洛氏硬度试验

更硬的材料并不意味着更长的使用寿命

1915 年，一艘名为"Sea Call"的船的船体是由莫奈尔合金建造的，那是一种由镍、铜和铁组成的相对较新的、非常坚硬的合金。由于莫奈尔合金极其抗腐蚀，特别适合潮湿的环境，因此人们预期这艘船的使用寿命会非常长。不幸的是，这艘长 214 英尺、宽 34 英尺的船只使用了 6 个星期，就不得不报废。虽然莫奈尔船体完好无损，但在海水环境中，莫奈尔合金与船体的钢框架和紧固件发生了电解反应，无法继续使用。

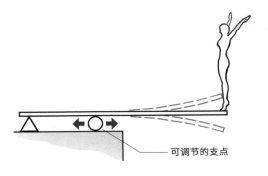

可调节的支点

每次弹跳时，跳水运动员都会在跳板上积蓄能量。调整弹跳频率，
使其和跳板的自振频率一致，也可增加起跳的高度

士兵不应该列队齐步过桥

　　结构构件在正常荷载和冲击作用下会发生振动，如同被弹拨的吉他弦一样。物体的**自振频率**或**共振频率**是指其在受到干扰时完成一个运动周期（往返或上下）所需的时间。

　　当一个力以结构构件的自振频率反复作用其上时，构件的响应会随着每一次循环而增强。这种效应会导致许多现象，从一些嘈杂的嗡嗡声（例如建筑物机械设备的振动与梁的自振频率相一致时）到令人不适的振荡，甚至偶尔的倒塌。许多相对轻微的地震在其波频与受影响建筑物的自振频率相匹配时，会造成严重的破坏。2000 年，数千名庆祝伦敦千禧桥开通的行人不经意间在步行节奏与结构的自振频率相匹配时，引发了桥梁的振荡。当他们为了应对意外的运动而摇摆时，无意中加大了运动幅度。事件发生后，该桥梁被关闭，其结构系统被修复。

纸条中的气动弹性颤振

"舞动的格蒂" 因何倒塌

　　华盛顿州的塔科马海峡悬索桥建成后在同类桥梁中长度排名第三。尽管在建造过程中出现了异常的晃动，"舞动的格蒂"（该桥的昵称）还是在 1940 年向公众开放。当年 11 月，一位名叫伦纳德·科茨沃思的司机带着他的可卡犬从桥上驶过，桥开始剧烈颠簸。由于无法继续行驶，也无法将爱犬塔比从车里抱出来，科茨沃思只能步行逃离。尽管多次试图营救塔比，但最终狗、汽车和桥均坠入了普吉特湾。

　　华盛顿州公路局最终确认，该桥倒塌并不像人们常说的那样，是有节奏的阵风引发了结构的固有共振。相反，这场灾难的根源在于空气运动引起的气动弹性颤振，导致桥梁扭转颤振（反复扭转）。这座 2 800 英尺长、39 英尺宽的主跨天然就容易受到风的影响，因为其主梁由仅有 8 英尺厚的实心钢板制成。相比之下，该桥的早期设计方案采用了一个高度为 25 英尺的开放式腹杆加劲桁架。

　　该桥倒塌 10 年后，又建了一座桥。这座"强健的格蒂"（新桥的昵称）保留了原有的引道坡和主墩，但使用了高度为 33 英尺的加劲桁架。

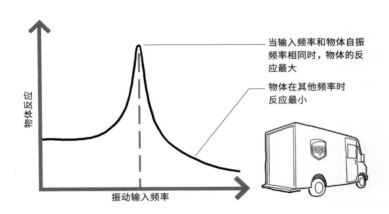

当输入频率和物体自振频率相同时，物体的反应最大

物体在其他频率时反应最小

物体反应

振动输入频率

柔软的包装材料并不总是更有保护作用

　　包装工程师发现，在运输过程中很少出现包裹意外掉落的情况，而从高处掉落会损坏里面的东西的情况更是少之又少。尽管在运输过程中，冲击损伤很罕见，但每个包裹都会受到运输车辆振动输入的影响。如果缓冲材料选用不合适，就可能放大车辆振动，振动传递至包裹内容物后若恰好与其自振频率吻合，就会导致敏感物品出现问题。因此，设计不当的包装可能会破坏其所要保护的产品。

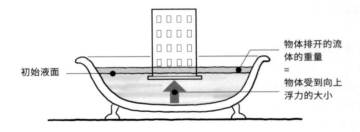

初始液面

物体排开的流
体的重量
=
物体受到向上
浮力的大小

阿基米德定律

建筑物会浮起

　　一个物体所受到的浮力大小等于其所排开的流体的重量。如果建筑物较低的楼层延伸到地下水位以下，即使被排开的水散布在土壤中，建筑物也会受到浮力的抬升作用。在已完工的建筑物中，漂浮是不太可能的，但如果没有建筑物的重压，深基础、地下室或地下停车场就有可能浮到地表。因此，地下储罐必须附着在大体积混凝土上，其重量至少等于储罐可能排开的地下水的重量。

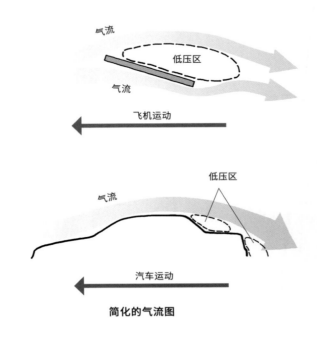

气流

低压区

气流

飞机运动

低压区

气流

汽车运动

简化的气流图

19

汽车会飞

　　为了利于飞行，飞机的机翼截面呈翼型，类似一个扭曲的、逐渐变细的菱形。但即使机翼是平的，飞机也可以通过倾斜机翼角度实现飞行。当飞机向前移动时，机翼上方会产生一个低压区，将飞机"吸入"天空。不过，翼型的机翼具有更小的阻力，能够更有效地发挥作用。

　　汽车行驶时也会产生类似的低压区。飞驰的汽车会在其后方形成真空区，从而在一定程度上阻碍其继续前进。传统的三厢轿车行驶时会在后备箱上方形成低压区，产生尾部升力。当汽车时速超过 113 千米左右时，驾驶员的操控能力可能会受到明显影响。当时速接近 322 千米时，汽车可能会飞起来。

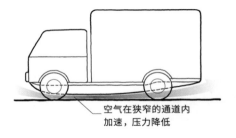

空气在狭窄的通道内
加速，压力降低

科林·查普曼等人的美国专利
（专利号 4386801）中的图纸

20

地面效应

赛车的尾翼通过在车尾引入下压力来抵消升力。然而，它也增加了阻力，降低了气动效率。

英国发明家科林·查普曼找到了一种更有效的替代方法。他在赛车的底部构造了一个前后的风道，其顶部形状类似于一个倒置的翼型。再加上非常低的离地间隙和侧裙，流经车底的空气被导向一个更狭窄的区域，从而使空气加速。由于快速流动的空气自然具有较低的压力，因此车辆会"吸附"在道路上。当查普曼的莲花车队将这种地面效应引入一级方程式赛车时，它的表现极为出色，以至于很快就在比赛中被禁用了。

查普曼的装置有一个缺陷：如果一辆高速行驶的地面效应车被撞到，风道可能会受到干扰，导致灾难性的失控。但不可否认，查普曼的发明是极具创造性的。他从相反的角度出发，将重点放在了如何创造更多的"下推力"，而不是创造更多的"下拉力"。

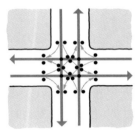

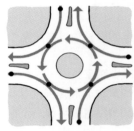

传统交叉口	车辆冲突点（●）	环形交叉
32		8
1 300~1 500	车道每小时通行能力	1 800
高达 89 千米 / 小时	运行速度	24~40 千米 / 小时
高达 90 度	碰撞角度	低角度 / 侧面撞击

21

环形交叉是最安全、最有效的交叉口

采用环形交叉替代传统交叉口，可以将交通延误减少 89%，将交通事故减少 37%~80%，将受伤情况减少 30%~75%，将死亡事故减少 50%~70%。由于事故减少，投资回报高达 8 倍。

得克萨斯大学的一个土木工程研究团队发现，带闪烁灯的交叉口最危险，其事故率约为有红绿灯路口的 3 倍，为环形交叉的 5~6 倍。

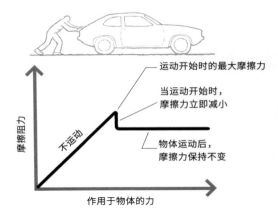

运动开始时的最大摩擦力

当运动开始时，
摩擦力立即减小

不运动

物体运动后，
摩擦力保持不变

摩擦阻力

作用于物体的力

摩擦力阻碍物体滚动，但又是使其能够滚动的原因。

　　物体在滑动或滚动时，因其与支撑表面之间的摩擦而减速，因为物体表面和支撑表面微小的凸起会相互作用。摩擦力越大，车轮的效率越低，产生的热量也就越多。摩擦力越小，车轮滚动就越自由，效率也越高。这意味着，在零摩擦力的状态下，车轮将以完美的效率滚动。但由于缺少牵引力，车轮不会滚动，而是会滑动。

π=3.14

准确，但不精确

π=3.141 592 653 5

准确且精确

π=3.456 628 944 1

精确，但不准确

23

准确度和精密度是两个不同的概念

准确度意味着没有错误，而**精密度**指的是细节的程度。有效地解决问题需要始终保持准确，但在解决问题的特定阶段，要根据需求适度控制精度。在解决问题的早期阶段，使用准确但不精确的方法，而不是非常精确的方法，将有助于设计探索，同时最大限度地减少对不必要的详细数据的跟踪。

总要做出取舍

明度与强度、响应时间与噪声、质量与成本、车辆的操控性与舒适度、测量速度与测量精度、设计时间与设计质量等等，每个设计考虑都有不同的优先级，无法同时满足所有。好的设计不是将所有因素都做到最好，也不是在它们之间进行折中，而是在各种替代方案中进行优化。

原始声音

模拟记录
会丢失原始声音中的
一些信息

数字副本
会丢失模拟记录中的
一些信息

数字记录
会丢失原始声音中的
一些信息

数字副本
对数字记录的100%
精确复制

量化是近似值

　　工程遵循科学定律，但自然界不遵循。作为人类创造的一种理解系统，科学被包含在现实之中。自然界按照自己的规律运转，科学是我们解释它的出色但并不完美的尝试。量化是精确的，但仅相对于科学自身而言，而不是相对于现实。

200 千米测量单元
海岸线长度 =2 400 千米

100 千米测量单元
海岸线长度 =2 600 千米

50 千米测量单元
海岸线长度 =3 100 千米

英国地形测量局数据
海岸线长度 =17 820 千米

随着测量设备变得越来越精确，不规则物体周长的测量值会趋近于无限[1]

26

随机假设 #1

只有将其量化，你才能做到对事物充分理解。然而，仅有量化是不够的。

	花旗松	混凝土	A36 钢
实验室测试 得到的最大强度	7 430 磅 / 平方英寸 （压缩）	4 000 磅 / 平方英寸 （压缩）	50 000 磅 / 平方英寸 （拉伸）
计算中采用的 设计强度	1 350 磅 / 平方英寸	3 000 磅 / 平方英寸	36 000 磅 / 平方英寸
近似安全裕度	**5.5**	**1.3**	**1.4**

工程师做事有备无患

所有建筑材料都需要经过实验室测试，以确定其结构性能，例如在荷载时它们的拉伸和压缩程度，以及在失效前可以接受的最大荷载。通过测试可以确定材料的**设计强度**，工程师随后可以在实际结构计算中使用。但是，考虑到实际中材料性能的变化，设计强度的数值总是设定在材料失效点以下。

混凝土和钢材等制造材料性能相对稳定，不同工件间的性能差别相对较小。然而，木梁则不同，它的材料来源（可能来自一棵患病的树）、干燥过程或结节数量的差异都可能导致性能的改变。因此，木材的设计强度要比实验室测试确定的强度低得多。

工程师通常通过高估荷载、保守计算以及选择比计算所需更大或更厚的结构构件来增加额外的安全裕度。

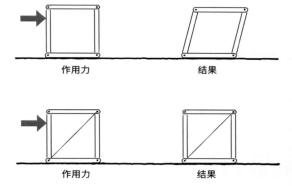

作用力　　　　　　结果

作用力　　　　　　结果

28

三角形本质上是稳定的

　　三角形与其他线性形状的不同之处在于，其边和角是相互依存的：改变一个角必然会改变至少一条边的长度，反之亦然。相比之下，正方形可以在不改变任何一条边的情况下变形为平行四边形。

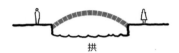

拱

悬臂

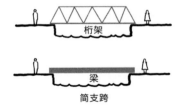

桁架

梁

简支跨

塔 / 张拉结构

四种桥梁悬跨形式

29

桁架是由简单构件组成的复杂结构

　　桁架是梁的一种复杂形式，它利用了三角形的固有稳定性。它以一个三角形为起点，每次增加两条腿，形成一系列相互依存的三角形，构成一种稳定的结构，能够跨越很长的距离，但使用的材料比普通梁少得多。

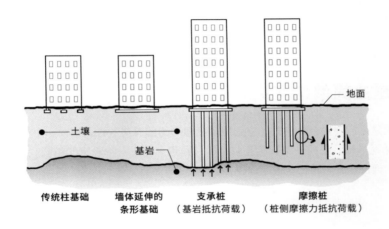

传统柱基础　　墙体延伸的　　支承桩　　　　　　摩擦桩
　　　　　　　条形基础　（基岩抵抗荷载）　（桩侧摩擦力抵抗荷载）

地面

土壤

基岩

常见的基础 / 基脚类型

建筑结构是由下而上建造的，但却是由上而下设计的。

　　建筑物的结构通常是下部支撑上部，因此需要首先确定上部结构，才能对支撑它的下部结构进行设计。但在结构设计中，不可能一次性完成整个建筑物由上而下的设计。从原理图到最终设计需要进行多轮严格和精确的检查，最后决定如何最好地将荷载传递到地面。

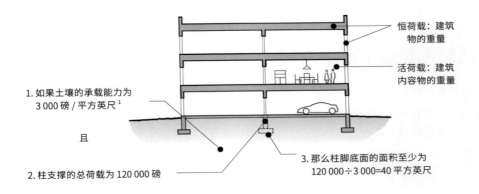

恒荷载：建筑
物的重量

活荷载：建筑
内容物的重量

1. 如果土壤的承载能力为
3 000 磅 / 平方英尺[1]

且

2. 柱支撑的总荷载为 120 000 磅

3. 那么柱脚底面的面积至少为
120 000÷3 000=40 平方英尺

1　1 平方英尺 ≈ 0.09 平方米。——编者注

建筑内容物的重量可能比建筑物本身更重

恒荷载是建筑物本身的重量，在建筑物的整个使用寿命中几乎保持不变。它包括结构（梁、柱、托梁等）、主要建筑系统（外墙、窗户、屋顶、内部装饰等）、永久建筑元素（楼梯、隔墙、地板材料等）和机械系统（供暖、制冷、管道、电气等）。

活荷载随建筑物寿命的变化而变化。它们来自人、家具、车辆、风、地震、雪、外来物体的撞击，以及类似的各种来源。

总荷载先传递给建筑物的基础，再传递给地面。一定地基面积所承受的荷载不能超过土壤的承载能力，否则地基将会下沉。

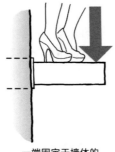

重力荷载

一端固定于墙体的
悬臂梁

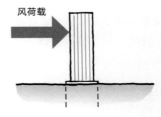

风荷载

摩天大楼是一端固定于大地的
"悬臂"结构

32

摩天大楼是一根垂直的悬臂梁

摩天大楼的主要结构设计挑战不在于解决垂直（重力）荷载，而在于抵抗来自风和地震的横向荷载。因此，高层建筑在功能和设计概念上是将其视为地面支撑的大型悬臂梁。

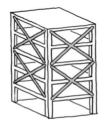

对角支撑
在结构构件中构建三角形支撑，
可以抵抗横向力

剪力墙
一种提供额外刚度的结构，
在垂直于墙体表面的方向
抵抗横向力

楼板隔板
一种提供额外刚度的结构，
在楼板平面上抵抗横向力

增强横向刚度的三种方法

抗震设计：或柔或刚。

地震通常是以横向（从一侧到另一侧）的运动为主。建筑结构可以通过设计成非常柔韧或极度刚性来抵抗这种力。在**柔性结构**中，梁柱连接处在受力时可以相对自由地旋转，通常配备一定程度的阻尼或对角减震器。**刚性结构**则依靠结构构件之间非常牢固的连接，在建筑物底部使用隔离器（本质上是大型橡胶圆环）。在这两种系统中，地震能量受到了抑制，因此建筑物内的居民只承受了地震力量的一小部分。

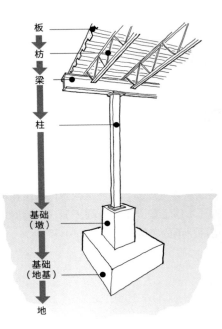

板

枋

梁

柱

基础
（墩）

基础
（地基）

地

确保系统不会出错

通过建筑物结构向下传递力的过程被称为**荷载路径**。荷载有时会沿着与预期不同的路径传递，这可能导致结构被破坏。例如，在正常荷载作用下，每根梁都会稍微下垂。如果在其下方直接建造非结构隔墙，梁可能会将其荷载传递给隔墙，导致隔墙变形，或者将荷载从梁传递到下面的地板，导致地板下陷甚至破坏。

弄清楚如何使系统正常运行与弄清楚如何防止它以人们不希望的方式发生故障同样重要。

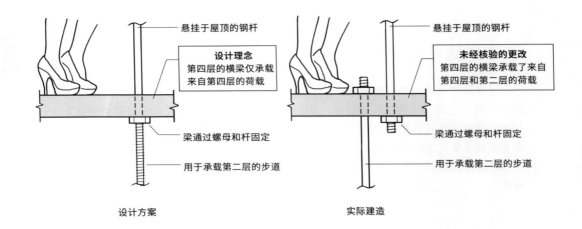

悬挂于屋顶的钢杆

设计理念
第四层的横梁仅承载
来自第四层的荷载

梁通过螺母和杆固定

用于承载第二层的步道

设计方案

悬挂于屋顶的钢杆

未经核验的更改
第四层的横梁承载了来自
第四层和第二层的荷载

梁通过螺母和杆固定

用于承载第二层的步道

实际建造

堪萨斯城凯悦酒店步道坍塌事件

1981 年 7 月 17 日，密苏里州堪萨斯城凯悦酒店内部的两个中庭步道在一场舞会期间坍塌，导致 114 人死亡，200 多人受伤。

这些步道在第二层和第四层位置跨越中庭，并通过钢杆悬挂在屋顶上。工程师原本的设计意图是采用连续的钢杆穿越两条步道，上层步道由螺母固定，钢杆继续延伸到下面的步道。

在施工过程中，制造商意识到安装四层楼长的螺纹杆并将螺母旋转两层楼的距离到达上层步道十分困难。因此，他们提出了使用两套较短杆的方案。其中一套将第四层的步道悬挂在屋顶上，另一套将第二层的步道悬挂在第四层步道的下方。工程师在未进行结构分析的情况下批准了这项设计更改。

事故后的分析显示，这一更改使得第四层步道钢梁所承受的荷载增加了一倍。此外，工程师指定的用来悬挂钢杆的梁并非单一构件，而是由两个平行的构件焊接而成。在满载作用下，焊接处发生断裂，导致上层步道呈"煎饼状"倒塌在下层步道上。

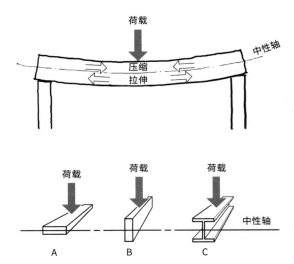

最佳的梁截面是 I 形，或者更好的是 I 形。

当一根梁在荷载作用下弯曲时，其顶部会缩短（被压缩），底部会伸长（被拉伸）。压应力和拉应力分别在梁的顶部和底部达到最大，并且向中间逐渐减小，直至在**中性轴**处为零。

垂直方向（B）使用的矩形梁比水平方向（A）使用的矩形梁效果好，因为它的大部分材料位于远离中性轴的位置，而中性轴正是梁需要承担大部分作用的区域。出于同样的原因，I 型梁（C）更加高效。

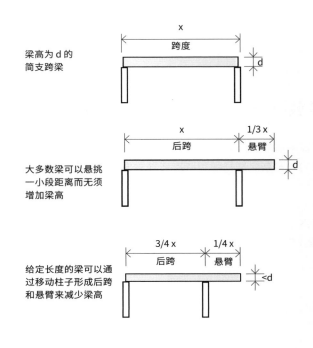

梁高为 d 的
简支跨梁

x
跨度
d

大多数梁可以悬挑
一小段距离而无须
增加梁高

x
后跨
1/3 x
悬臂
d

给定长度的梁可以通
过移动柱子形成后跨
和悬臂来减少梁高

3/4 x
后跨
1/4 x
悬臂
<d

让梁发挥更大的作用

跨度与材料用量之间的比值是衡量一根梁利用效率的有效指标。有多种方式可以提高梁的利用效率。

37

使用悬臂。将梁伸出支撑点可以帮助后跨向上弹起，从而允许使用比实际要求梁高更矮的梁体。大多数梁可以安全地悬出后跨长度的 1/3。

将点荷载分散。将一定的荷载分布在多个位置，而不是集中在一个点上，可以提升梁的荷载效果。将荷载从跨度的中心向一端移动也会起到一定的效果；作用于建筑物高处的荷载有时可以通过这种方式重新分配，以减小下部梁的尺寸。

采用桁架结构。桁架和实心梁相比，虽然需要更深的结构（更高）来承载同样的荷载，但它使用的材料比后者少得多。

开孔。在许多荷载条件下，可以从钢梁的腹板（垂直中心部分）开孔去除材料，从而减轻其重量，同时还可以作为风管、管道和电线的通道使用。

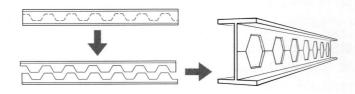

蝶形梁

创造是头脑和材料的结合；你动脑越多，所需的材料就越少。

38

——查尔斯·凯特林

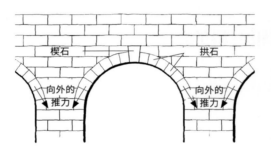

楔石　　　　　　拱石

向外的　　　　向外的
推力　　　　　　推力

圬工拱使用得越多，就越紧固。

　　重力通常是结构工程对抗的对象，因为它试图将结构物拉向地面。但是，圬工拱的工作原理是依靠重力的。重力将每块**拱石**向下拉，与下部的拱石贴合并传递作用力，以此类推。圬工拱上的荷载越大，拱石的挤压贴合越强，直到超过材料的抗压强度。因此，当荷载较小时，圬工拱容易失去稳定性，或者圬工拱上面的砖块相对较少时，它也看起来不太稳定。

　　在圬工拱的底部，除了垂直的重力外，还会产生向外的推力。为了抵消这种推力，需要用大质量的物体来支撑，例如拱桥可以使用混凝土或土堤来支撑，而大教堂的圬工拱则可以使用飞扶壁来支撑。当圬工拱排成一列时，相邻圬工拱间向外的推力可以相互抵消。

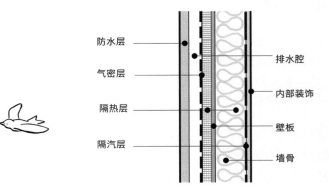

39

防水层 ————

气密层 ————

隔热层 ————

隔汽层 ————

———— 排水腔

———— 内部装饰

———— 壁板

———— 墙骨

木制框架墙

墙体的四个发展阶段

大质量时代： 从早期文明到 19 世纪末或 20 世纪初，人们采用非常厚重的石头、砖、原木、土坯砖和混凝土筑墙来隔热、御寒、防风、抗震和抵御入侵者，同时也为建筑物提供了主要的结构支撑。

幕墙时代： 19 世纪末，随着铁、钢和混凝土结构体系的出现，外墙的功能不再以承重为主，而是主要用于封闭内部空间。

隔热时代： 1938 年，玻璃纤维隔热材料的发明使得 4 英寸厚的墙壁能够提供与 2 英尺厚的砖石或土坯墙类似的隔热和防寒效果。但随着人们越来越多地对建筑物进行隔热和密封，冷凝和空气质量问题也越来越普遍。

专用层时代： 目前最先进的建筑围护结构有四层：**防水层**（防止水分沉积的包层和 / 或膜，防止降水）；**气密层**（最大限度地减少外部空气渗入建筑物中的膜）；**隔热层**（将内部和外部隔热分开）；**隔汽层**（防止潮湿的室内空气进入墙壁或天花板空腔）。每一层结构都需要连续围绕建筑物四周，形成保护。

40

最早的建筑规范

    如果一名建筑工匠为某人建造房子，但没有建造牢固，导致房子倒塌并造成房主死亡，那么该建筑工匠将被处死。如果造成房主的儿子死亡，那么建筑工匠的儿子将被处死。如果造成房主的奴隶死亡，那么建筑工匠必须赔偿房主一个同等价值的奴隶。如果房子倒塌，导致房主财物损失，建筑工匠必须赔偿全部损失，并自己掏钱重建房子。如果建筑工匠正在建造一座房子，还没有完工，房子的墙壁似乎要倒塌，那么建筑工匠也必须自己掏钱加固墙壁。

——《汉穆拉比法典》
古巴比伦王国国王汉穆拉比（约前 1792—前 1750 年）

提供 0.08 厚的 EPDM（三元乙丙橡胶）屋面防水膜，机械固定。可接受的制造商包括 Carlisle SynTec 公司。

提供充足的屋面防水膜，能够在任何条件下至少保持 20 年不受所有外界因素的影响。

规格说明
给出了要使用的产品或系统的详细特征，包括材料、尺寸和安装方法。

性能说明
给出了目标性能，例如强度、容量和稳定性，但不指示承包商如何实现这些性能。

图纸只包含了部分信息

　　无论图纸多么详细，都只能给出制造或建造所需的部分信息。除此之外，工程师还要准备一份全面的**说明**文件，提供有关"**什么**"（例如混凝土和钢的强度、可接受的紧固件类型、电线规格）、"**谁**"（具有合格资质的分包商和可接受的部件制造商）、"**何时**"（进度表、任务顺序、工作审查程序）、"**在哪里**"（施工场地安排）以及"**如何**"（材料处理、涂层施工方法等）的详细信息。

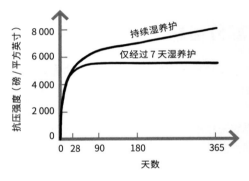

混凝土浇筑需要养护，而不是简单的干燥。

　　混凝土的强度取决于水泥和水之间的化学反应。混凝土浇筑后，通常会保持湿润（湿养护）一段时间，以延长化学反应（从而增强强度），并防止混凝土表层相对于内部过早干燥而产生裂纹。混凝土建筑的设计强度一般是指其经过 28 天养护后的预期强度。然而，对于尺寸极大的混凝土浇筑物来说，可能需要数十年的养护才能达到最大强度。

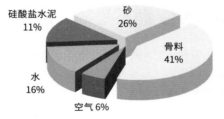

硅酸盐水泥
11%

砂
26%

骨料
41%

水
16%

空气 6%

典型的混凝土配合比设计

混凝土和水泥是不同的材料

　　水泥是一种黏结和硬化成分，主要来源于石灰石。它与砂、骨料（岩石或卵石）、空气和水混合搅拌后，制成混凝土。混凝土混合物中还可以添加化学品，以加速或减缓混凝土的硬化，增加或减轻混凝土的重量，或增强其对环境因素的抵抗力。

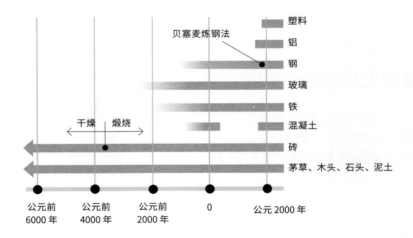

塑料
铝
钢
贝塞麦炼钢法
玻璃
铁
混凝土
干燥　煅烧
砖
茅草、木头、石头、泥土
公元前
6000 年　　公元前
4000 年　　公元前
2000 年　　0　　公元 2000 年

混凝土和钢并不是现代的材料，它们在古代就已存在。

　　许多世纪以前，人们就知道在铁中掺入少量的碳可以得到更为坚固的金属钢，但直到 19 世纪 50 年代贝塞麦炼钢法发明后，钢才得以大规模生产。罗马帝国时期就有使用混凝土的记录，但这项技术在帝国解体后失传，直到 18—19 世纪才被重新掌握。

分卷
去除多余部分，对材料
进行尺寸和形状分选

铸造／造型
将熔融或液态材料
放入模具中凝固

成形
将材料通过模具
（成形的金属块）成形

调整
通过热、压力或化学处理改
变材料的特性

组装
将零件组装到一起，例如流
水线或服装厂那样的
工作模式

精整
通过回火、涂层、装饰等方
式对表面进行保护或
美化

二次加工

制造的三个阶段

材料提取：确定和获取树木、作物、油类和矿物等原材料。

初加工：对提取的材料进行加工，以获得标准工业用料。例如，将石灰石、砂岩和页岩进行烘烤和粉碎，以制成水泥；从铝土矿中提炼氧化铝，并进行处理，铸成铝锭；将棉花清洗和去籽后压缩成棉包；将谷物研磨成粉。

二次加工：将初级工业材料进行再加工，制成消费产品。

实际情况

零件有缺陷　　　零件无缺陷

检测判断结果

判定零件有缺陷　　检测正确　　错误1：误检出

判定零件无缺陷　　错误2：未检出　　检测正确

单纯增加或减少检测次数都会造成更多的错误

　　产品检测偶尔会出现错误，将好的产品检测为不合格或未能识别出有缺陷的产品。前者（**误检出**）的后果不严重，只是增加了替换成本。但后者（**未检出**）的后果可能很严重，因为有缺陷的产品在投入使用后可能会出现故障。

　　然而，增加检测次数可能并不是解决问题的好办法。从统计学角度来看，无限地增加检测次数会导致几乎每个产品都会因某种原因而被检测为存在缺陷。最优的检测水平需要在误检出增加的替换成本和未检出带来的人为和道德后果之间取得平衡。

47

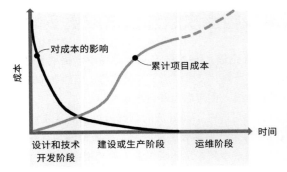

对成本的影响

成本

累计项目成本

时间

设计和技术
开发阶段

建设或生产阶段

运维阶段

早期的决策影响巨大

在项目的最初几天或几周内，需要就终端用户的需求、日程安排、建筑物占地面积的大小和形状等做出一些决策和假设。这些决策和假设对于项目的设计、可行性和成本产生了最为显著的影响。随着项目设计的不断推进，所做决策的影响力逐渐减小。虽然在设计的后期阶段，可以通过**价值工程**小幅度地节约成本，但最大的成本因素在项目初期就已嵌入其 DNA。

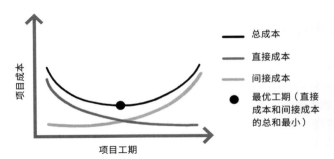

48

项目成本

项目工期

总成本

直接成本

间接成本

● 最优工期（直接成本和间接成本的总和最小）

加快生产进度并不会节省成本

通过加快生产进度一般可以节省一些**间接成本**，例如管理费、设备租赁费、保险费、监理费用、水电费等。但**直接成本**（一般包括人工、材料、设备购买和运营成本等）不会有太多变动，因为无论进度快慢，工作量都不会变化。

然而，在实践中，加快生产进度往往会造成混乱，发生错误和出现产品不合格的概率也会上升，同时还需要支付加班费，这些都会增加成本。而过长的工作时间也会增加总成本，尤其是间接成本。**最优工期**使直接成本和间接成本的总和最小化。

有时候，加快生产进度造成的成本增加是可以接受的。例如，在一个非常有利可图的房地产市场上，尽快将建筑物建造好然后出租是开发商的迫切需求。这时，他们可能会采用**快速跟进**的方法，即在建筑物完全设计好之前就开始施工。因此，这会增加成本。同时，建筑物的许多部分（例如基础和结构系统）必须被过度建造，以应对尚未确定的设计决策可能带来的最坏结果，这会进一步导致成本增加。

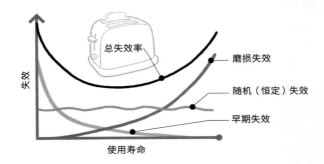

49

常见的产品可靠性"浴盆曲线"

可靠性有时不需要非常完美

可靠性是衡量产品或系统正常运行时间的指标。**目标可靠性**通常用 0~1 之间的数字表示，目标可靠性为 1 表示完全可靠，目标可靠性为 0 则表示完全失效。桥梁、航天器、起搏器或类似的关键系统若失效，可能会导致严重的人员伤亡，因此其目标可靠性为 1。玩具或 DVD 播放器等相对便宜的产品若失效，一般不会造成重大影响，而追求过高的可靠性又会增加成本，因此在设计时采用小于 1 的目标可靠性。令人惊讶的是，出于减少重量的需求，一些飞机部件的目标可靠性也小于 1。为了缓解这一问题，相关部件需要定期更换和频繁检查，以识别潜在失效。

产品在使用寿命内会由于各种原因失效，其中普通的磨损失效最终会超过早期失效。

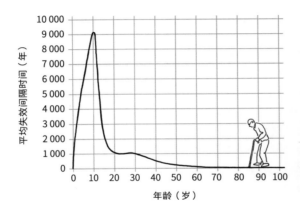

50

人类的平均失效间隔时间

人类的平均失效间隔时间是 1 000 年

MTBF（**平均失效间隔时间**）是设备或系统预期失效率的倒数。比如，一个 25 岁的人的 MTBF 大约是 1 000 年，因为这个年龄的人的年死亡率（失效率）是 1/1 000。随着我们逐渐变老并接近我们的**使用寿命**结束，我们的 MTBF 会降低。使用寿命和失效率之间没有直接的关联。一枚火箭的设计 MTBF 可能达到几百万个小时，因为一旦它失效，将是灾难性的。然而，它在飞船发射过程中的预期使用寿命只有几分钟。

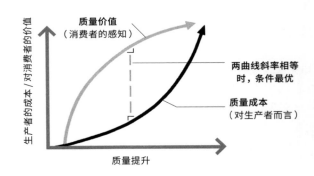

縦軸: 生产者的成本 / 对消费者的价值
横軸: 质量提升

质量价值
（消费者的感知）

两曲线斜率相等
时，条件最优

质量成本
（对生产者而言）

质量—成本曲线 [1]

1 插图改编自弗雷德里克·古尔德的 *Managing the Construction Process*，Prentice Hall, 4th ed., 2012, p. 64。

消费者通常不愿为设计完美的产品买单

　　相较于高质量产品，消费者更加关注低质量产品的改进，并愿意为其支付费用。对于低质量产品，10% 的改进带来的**质量价值**（用户对其质量的感知）提升会超过 10%。但是，随着后续改进的进行，它们所带来的质量价值增长速度会逐渐下降。另一方面，质量改进的成本是呈线性增加的，比如质量改进 10% 的成本为 10 美元，那么改进 20%则要花费 20 美元以上。最终，**质量提升的成本**增速会超过消费者感知到的质量提升速度。

　　理论上，当价值曲线和成本曲线的斜率一致时，产品达到质量—**成本最优状态**。这时，产品改进所带来的成本增速和其价值提升速度相等。超过这个点，生产者在产品改进上花费的成本将会超过顾客所感知到的价值提升。

AMC 格雷姆林	294.5
雪佛兰 Vega	299.0
福特平托	310.0
丰田卡罗拉	313.0
达特桑 510	317.0
大众甲壳虫	374.0
达特桑 1200/210	405.0

平均数量：330.4

0   100   200   300   400

各类车型每百万辆车年平均交通事故死亡人数，1975—1976 年 [1]

1   Gary T. Schwartz, "The Myth of the Ford Pinto Case," *Rutgers Law Review*, vol. 43, p. 1029.

福特平托汽车并非不安全

20 世纪 60 年代，在外国小型汽车大量涌入美国市场的冲击下，福特汽车公司加快了平托汽车的开发进程。然而，该车型在发布后不久就被指责在追尾撞击事故中容易起火。据说这是由设计缺陷导致的，例如后差速器的螺栓突出，与油箱距离过近。据报道，这些缺陷造成了 500 多人死亡。

在一起过失致死诉讼中，福特公司的内部文件显示，如果改进油箱，每辆车仅需要额外花费 11 美元。但福特公司基于人的生命价值为 20 万美元的计算方法，认为支付赔偿金比改进 1 250 万辆汽车的油箱更划算。按照当时的法律标准，福特公司可以免除责任，因为在此之前，法院并不认为，如果改进的成本超过其收益，被告就有过失。但陪审团最终裁定福特公司有责任，并要求其支付 300 万美元赔偿金和 1.25 亿美元的惩罚性赔偿金（后来减少到 350 万美元）。

后来的一项研究指出，未实施的 11 美元改进措施的提出并不是为了解决平托在追尾碰撞中的油箱故障问题。此外，福特也没有将人的生命价值定为 20 万美元，这个数值是由美国国家公路交通安全管理局制定的。统计数据显示，平托汽车当时的整体安全记录属于平均水平，其登记率与其交通事故死亡率相匹配。

53

家具组装

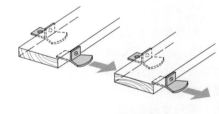

隐藏式门廊板紧固件

设计一个多功能部件时需谨慎

将一个特性或部件多用途化从而减少工作量、材料和时间，这看上去似乎很理想。但是，这种方法的可行性取决于产品使用过程中用户的技能水平及其注意力集中程度。终端用户的技能水平越高，用户环境越受控制，设计师就越可能考虑采用多功能性设计。但是，如果使用过程中出现错误，可能会带来灾难性的后果，那么最好让每个部件只具备单一的功能。

宜家家具通常使用一组硬件来对齐零件，并使用另一组硬件将它们紧固在一起。每组硬件只服务于一个目的，最大限度地减少家庭组装者犯错误的机会。

隐藏式门廊板紧固件是一种具有两个作用，但每次只能发挥其中一个作用的夹子。在木板的一侧，它们被固定在下方的结构上。在另一侧，它们被夹在之前安装的木板下方。如果采用两种不同类型的夹子，那么人们很容易在安装过程中将其混淆。

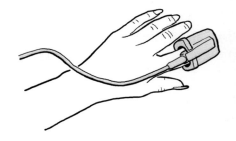

54

刻意将部件设计为易损

电气系统由保险丝或断路器保护，在发生电力浪涌时跳闸，避免其对昂贵的设备部件或不易接触到的线路造成破坏。

在钢结构建筑物中，为了防止地震时整个建筑系统发生灾难性破坏，结构构件之间的连接会被设计成可以在地震中发生变形。震后只需对连接件进行修复，所需成本比更换整座建筑物的成本要低。

生物医学设备通常采用松散的连接方式，以保护患者。例如，用于检测血氧水平的脉搏血氧仪会故意采用较弱的接口形式连接到患者的手指上，以防止其他人绊到导线，对病人造成伤害。

固定龙虾笼的夹子被设计成在一个捕捞季节后就会腐蚀。当虾笼丢失或被遗弃时，这些夹子会在金属网格侧板损坏之前失效，这样留下的是平坦的碎片，而不是成堆的箱子，对于船只来说危害更小。

55

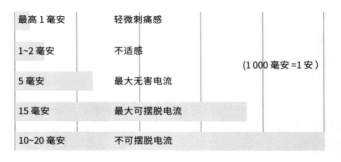

最高 1 毫安	轻微刺痛感	
1~2 毫安	不适感	（1 000 毫安 =1 安）
5 毫安	最大无害电流	
15 毫安	最大可摆脱电流	
10~20 毫安	不可摆脱电流	

触电值

把一只手插在口袋里

　　如果你的一只手触碰电气设备，而另一只手触碰到任何身外物体，那么电荷可能会通过手—心脏—另一只手这一通路传递到地面。把一只手插在口袋里，虽然无法避免触电，但电荷会趋向于从手臂经过同侧腿直接传递至地面，从而降低危险。

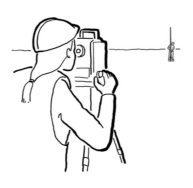

保持一条支腿不动

要使测量三脚架保持水平，可先将其放置在预定位置，并大致调平。然后保持一条支腿不动，反复调整另外两条支腿的高度，直至"靶心"显示完全水平。

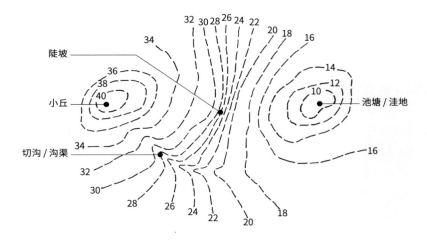

陡坡

小丘

切沟 / 沟渠

池塘 / 洼地

32 30 28 26 24 22 20 18 16

34

36
38
40

14
12
10

34
32
30
28 26 24 22 20 18

16

如何阅读地形图

　　地形图通过一系列等高线描绘景观。每条等高线代表一个恒定的**海拔**——高于海平面或其他参考点的测量高度。以下几点可以帮助我们阅读地形图：

- 坡度方向与等高线垂直。一滴雨水的流动方向总是垂直于等高线，沿着蜿蜒曲折的路径从高海拔流向低海拔。
- 等高线越密集，地形越陡峭；等高线越分散，地形越平坦。
- 如果附近的湖泊水位上升到给定的海拔，湖泊的轮廓线将与这个海拔对应的等高线重合。
- 如果很难分辨山脊（山顶）和切沟（沟渠），可以想象自己站在地形图上山脊或切沟的边缘，然后直线穿过它。每走一步，确认地形图上的海拔，以确定是上坡还是下坡。

现存状态   推荐方案

挖和填要平衡

　　在场地工程设计中，尽量保证移除的土方量（挖）和需要添加的土方量（填）相等。这样可以简化土方运输和平整工作，同时最大限度地减少土方在建筑工地内外运输的费用。

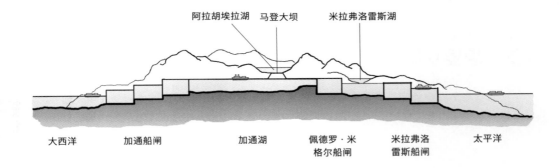

阿拉胡埃拉湖　马登大坝　　米拉弗洛雷斯湖

大西洋　　　加通船闸　　　　加通湖　　　佩德罗·米　　米拉弗洛　　太平洋
　　　　　　　　　　　　　　　　　　　　　　格尔船闸　　雷斯船闸

巴拿马运河东北向横截面示意图

学会利用大自然的力量

　　每一艘通过巴拿马运河的船只必须被抬升 85 英尺来越过自然地形，然后再降低 85 英尺，以与另一边的海洋持平。这一壮举是在没有任何泵的情况下完成的。数百万加仑的水在重力的作用下从山区湖泊流入船闸。只要降水能够补充湖泊的水位，船闸就能持续运作。

湍流
流体微元流动路径不规则，一般在较大
的通道和高流量时发生

层流
流体微元流动路径为直线，一般在较小
的通道和低流速时发生

流体的两种流动方式

空气是一种流体

　　无固定形状的物质叫作流体，其在外部压力影响下容易变形，并呈现与其所在容器相同的形状。流体包括所有的气体和液体。

61

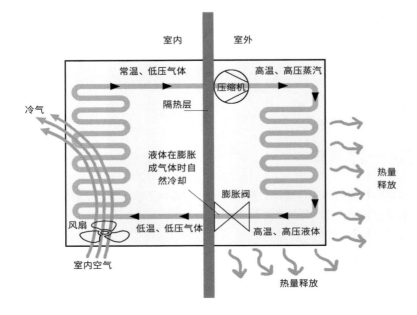

室内　　室外

常温、低压气体　　　高温、高压蒸汽

压缩机

隔热层

冷气

液体在膨胀
成气体时自
然冷却

膨胀阀

热量
释放

风扇

低温、低压气体　　　高温、高压液体

室内空气

热量释放

空调的工作模式

热量不会消失，冷气也不是凭空制造出来的。

　　空调不会制造冷气，而是将建筑物内部的热量转移到室外。它利用了一种自然原理，即物质从液态转变到气态时会吸收热量，而从气态转变到液态时会释放热量。中央空调系统、窗式空调和食品冰箱虽然规模不同，但其工作原理是一样的。从概念上讲，热泵可以被看成一种反向工作的空调，它从室外空气中提取热量，并将其转移到建筑物内部。

62

传导
通过材料直接
接触传递热量

对流
通过流体（空气或液体）的流
动传递热量

辐射
能量在空间中传递

散热器不只是辐射

热量是物质内部分子的运动。分子运动越剧烈，热量就越大。热量的传递有以下几种方式：

传导：当两个温度不同的物体接触，或同一物体的两个区域的温度不同时，温度更高的区域中的分子更为活跃，会"推动"温度较低区域中的分子，直到所有分子以相同的速度运动。

对流：在气体和液体中，温度更高的物质分子会自然扩散，并在较冷的物质中移动，同时传递热量。除了辐射外，散热器主要通过对流的方式向房间传递热量。

63

辐射是指电磁波在空间中的运动，例如来自太阳的光波。这些波在接触到分子时可以为它们提供能量，使分子变得更加活跃，从而将电磁能转化为热能。所有物质都会产生热辐射，但大部分无法被感知到。

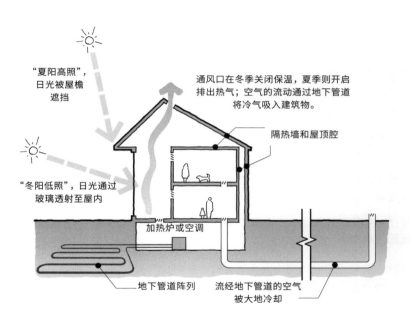

"夏阳高照"，
日光被屋檐
遮挡

通风口在冬季关闭保温，夏季则开启
排出热气；空气的流动通过地下管道
将冷气吸入建筑物。

隔热墙和屋顶腔

"冬阳低照"，日光通过
玻璃透射至屋内

加热炉或空调

地下管道阵列

流经地下管道的空气
被大地冷却

采用地源制热和制冷的双层围护房屋

大地是最可靠的冷 / 热源

　　在地下几英尺的地方，温度会比空气温度更适宜——冬暖夏凉。就像空调将建筑物内部的热量转移到室外，或者热泵将室外的热量转移到室内一样，热量也可以在大地和室内空间之间传递。无论是热水还是冷水，在通过地下管道循环后，都会以接近大地的温度返回建筑物。

64

1. 冬日阳光以能量辐射的方式照射墙体，变成热能。

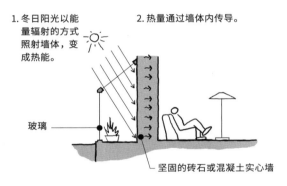

玻璃

坚固的砖石或混凝土实心墙

2. 热量通过墙体内传导。

3. 晚上，热量从墙体辐射出来，调节室内温度。

如果墙体太薄，无法存储太多的热量，那么热量就会过早地在不需要的时候传导到室内。

蓄热墙

可利用的太阳能是我们所需能源的 5 万倍

在阳光充足的一小时内，地表每平方英尺至少接收到 100 瓦的能量。美国大部分地区每天有相当于 4 小时的充足日照，每年相当于有约 1.5 万亿太瓦时的能量。

然而，目前太阳能电池只能捕获到约 20% 的太阳能，理论上最高可达约 33%。此外，由于太阳能集热器所能覆盖的土地面积很小，因此很难通过太阳能满足我们所有的能源需求。在当前水平下，要想满足美国的能源需求，太阳能集热器的覆盖面积需要达到印第安纳州的大小。如果全世界的人均能源消耗量达到美国的水平，就需要一个像委内瑞拉那么大的太阳能集热器场地。

65

取代不渗水的硬质表面

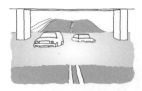

通过最小化急流来减少侵蚀

降低雨水排水系统荷载

为野生动植物
提供栖息地

减少开发对环境美观的影响

滞留池的好处

环境工程范式的转变

在一个项目中，每个生物和自然环境的每个组成部分都应被视为利益相关者，需要为利益相关者的福祉负责，而不是仅仅考虑股东的利益。

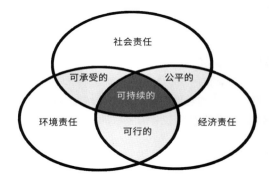

改编自约翰·埃尔金顿的《餐叉食人族》[1]

---

1 插图改编自约翰·埃尔金顿的 *Cannibals with Forks: The Triple Bottom Line of 21st Century Business*, Capstone Publishing, 1999。

环境工程师的"十诫"

1. 要在维持社会、经济和环境责任平衡的同时，挖掘和促进资源的可持续利用。
2. 提供安全、口感好的饮用水。
3. 负责收集、处理和排放废水。
4. 负责收集、处理和排放人类排泄物，以预防疾病、火灾，并保证环境的美观。
5. 负责收集、处理和排放有害物质，以防止其对人类、植物和动物造成危害。
6. 控制和处理空气污染物，以减少酸雨、臭氧污染，缓解全球变暖。
7. 设计生物反应器，利用有机废物生产生物燃料和发电。
8. 设计物理、化学和生物处理过程，清理被污染的场地。
9. 支持和执行有关污染物的法律法规。
10. 研究化学污染物的运输和去向。

67

——来自美国南达科他矿业理工学院

陆地降水　陆面蒸发　植物蒸腾　海洋蒸发　海洋降水
107　　　 50　　　 21　　　 434　　　 398

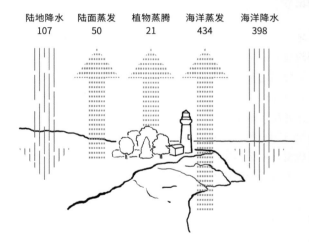

全球每1000立方千米水量的年度运动（估算）

水的总量是稳定的

　　水在地表、地下和大气层之间不断循环。虽然单个的水分子可能会或快或慢地进入和离开这一循环过程，但总的水量是相当稳定的。

水库	平均停留时间
大气	9 天
土壤	1~2 个月
季节性积雪	2~6 个月
河流	2~6 个月
冰川	20~100 年
湖泊	50~100 年
浅层地下水	100~200 年
深层地下水	10 000 年
极地冰盖	10 000~1 000 000 年

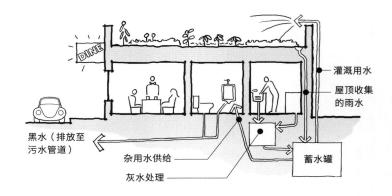

灌溉用水

屋顶收集
的雨水

黑水（排放至
污水管道）

杂用水供给

灰水处理

蓄水罐

水循环

水循环

黑水与粪便接触过。它通常需要通过市政净化系统进行深度处理，才能重新使用。

灰水是洗澡、烹饪、洗涤和简单清洁产生的废水，没有接触过粪便。虽然它不适合饮用，但经过一些处理后可用于冲洗马桶，有时也可用于植物灌溉。

白水是从天然水源（如泉水）获取或经市政及其他类似净化系统处理过的饮用水。

从室外表面（如屋顶）收集的**雨水**可能含有一些来自鸟类和化学品的污染物，但通常可以回收利用，用于冲洗马桶、洗车、蒸发冷却系统、植物灌溉等，有时也可供牲畜饮用。

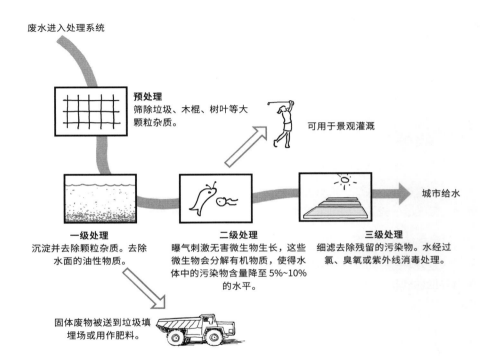

废水进入处理系统

预处理
筛除垃圾、木棍、树叶等大颗粒杂质。

可用于景观灌溉

城市给水

一级处理
沉淀并去除颗粒杂质。去除水面的油性物质。

二级处理
曝气刺激无害微生物生长，这些微生物会分解有机物质，使得水体中的污染物含量降至 5%~10% 的水平。

三级处理
细滤去除残留的污染物。水经过氯、臭氧或紫外线消毒处理。

固体废物被送到垃圾填埋场或用作肥料。

废水的处理效仿大自然

　　废水处理厂中使用的复杂系统其实是模拟水在自然界中净化的过程，不过其进程有所加快：

- 沉淀池类似于湖泊。
- 过滤器类似于地下水渗流。
- 曝气类似于溪流。
- 紫外线处理类似于日光。

70

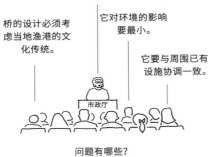

我们的社区需要
建一座桥。

它对环境的影响
要最小。

桥的设计必须考
虑当地渔港的文
化传统。

它要与周围已有
设施协调一致。

市政厅

问题有哪些?

解决方案

不要预先假设解决方案

当设计师被邀请参与设计时，往往已经有很多关于问题的本质、原因和期望解决方案的假设和推断。聪明的设计师会反其道而行之，探究问题的根源、原因和导致这些原因的因素。这样可以发掘出可能与最终用户预期截然不同，但实际上可以最有效地满足真正需求的方案。

71

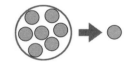

合理的演绎
从一般的真理中逻辑推导出
特定的结论

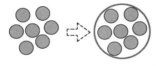

合理的归纳
从多个例子中归纳出一个更为普
遍的规律，但不保证其
一定正确

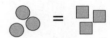

不当的归纳
基于有限的数据做出广泛的概
括或相似性声明

系统地思考

　　不要过早地对一些满意的分析结果沾沾自喜。要一贯而彻底地运用自己的思维方式，对问题的其他所有方面，包括从概念到细节的所有可能尺度进行反复思考。

72

埃姆斯模压胶合板椅子

我们仔细分析要求，将椅子的设计划分为 30 多个基本要素，并对每个要素按部就班地进行了 100 次研究，以找到最适合的解决方案……然后，我们将这些基本要素的所有逻辑组合拆分，在尽量保证已获得的最佳单个要素质量的前提下，找到它们之间的逻辑关系，并继续寻找这些要素组合的逻辑组合，反复数次后……遵循这个步骤，最终……我们发现整个过程实际上非常简单，以至于我们以为自己所做的一切都白白浪费了，但我们最终赢得了比赛。

73

——查尔斯·伊姆斯，家具设计师

摘自拉尔夫·卡普兰的 *By Design*

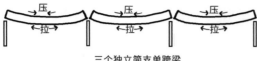

三个独立简支单跨梁

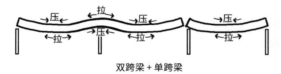

双跨梁 + 单跨梁

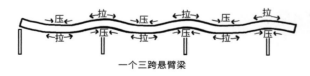

一个三跨悬臂梁

三种不同结构构型中梁的拉压状态

系统性思维

　　系统必须作为一个整体进行分析，但对整体的分析并不是对其各组成要素分析的简单汇总。系统各组成部分的行为取决于它与所属系统的关系。而系统的行为取决于其内部的各种关联，以及与其他系统的关系。

　　系统性思维意味着始终采用特定的思考方法进行深入和彻底的思考。系统性思维意味着思考系统与系统内的关系网，思考系统与其他系统的关系，以及进一步思考包含所有系统的更大系统。

74

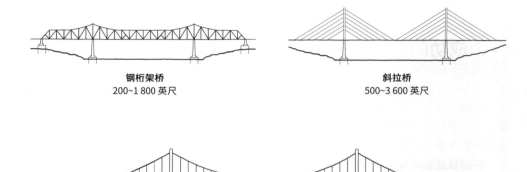

钢桁架桥
200~1 800 英尺

斜拉桥
500~3 600 英尺

悬索桥
1 500~6 500 英尺

近似最优主跨度 [1]

---

1 "The Possibility of Life in Other Worlds" by Sir Robert Ball, *Scientific American Supplement* no. 992, January 5, 1895, pp. 15859–61.

一个成功的系统缩放后不一定能正常运作

这是一个虚构的工程师团队试图打造比普通马大一倍的"超级马"的故事。当他们成功创造出"超级马"时，发现它是一只麻烦缠身、效率低下的怪物。除了身高是普通马的 2 倍之外，它的宽度和长度也都是普通马的 2 倍，因此其体重是普通马的 8 倍。但它的静脉和动脉横截面积只有普通马的 4 倍，这意味着它的心脏的工作强度是普通马的 2 倍。它后蹄的表面积是普通马的 4 倍，但每只后蹄必须支撑的单位表面积重量是普通马的 2 倍。最终，这只病态的动物不得不被实施安乐死。

——摘自罗伯特·鲍尔，《其他星球上可能存在的生命》

75

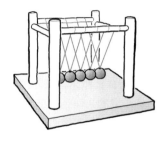

确定性系统
系统的响应可以通过已知规律和关系
准确预测

随机 / 概率系统[1]
系统的响应存在随机性，或由
未知的关系决定

1   Jane Jacobs, *The Death and Life of Great American Cities*，Random House, 1961, pp. 430–31.

简单系统和复杂系统的行为可以预测，而两者之间的则没那么容易。

　　在台球桌上，一个单独的球受到已知力作用时，我们可以非常准确地测量或预测它的运动。如果是两个球，虽然测量或预测的难度会增加，但也还可以做到。当系统中球的数量进一步增加至 5 个、10 个甚至 100 个球时，跟踪和 / 或预测每个球的运动变得越来越困难，最终变得不可能。

　　但随着系统的规模增加到一定程度，模型的可预测性会以一种不同的方式再次凸显。虽然预测 100 万个球在巨大的台球桌上的个体行为仍然非常困难或不可能，但我们将能够预测许多平均行为，例如一个球与其他球相撞的频率，每秒钟击中侧边的球数，或者每个球在撞击其他球之前所移动的平均距离。

——摘自简·雅各布斯，《美国大城市的死与生》

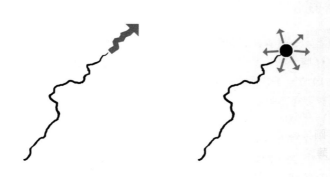

圆角处理可以阻止裂纹扩散

材料中裂纹的扩散会随着裂纹尖端的尖锐程度而增加。在尖端钻孔会使裂纹变得不那么尖锐，并将应力向更大的区域和更多的方向分散，从而阻止裂纹扩散。

基于类似的原理，在建筑产品、机器零件、家具甚至船舶和飞机的窗户中，宜采用圆角的设计。圆角能够保证应力在多个方向上分散，而锐利的方角会将应力集中在一个点上，这在"薄壳"结构设计中是一个至关重要的考虑因素。

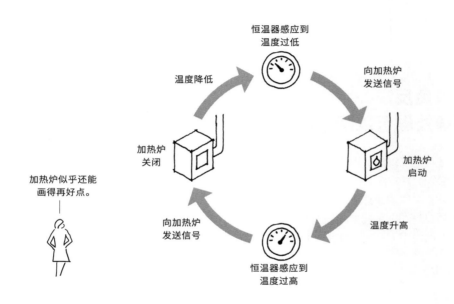

加热炉似乎还能
画得再好点。

恒温器感应到
温度过低

向加热炉
发送信号

加热炉
启动

温度升高

恒温器感应到
温度过高

向加热炉
发送信号

加热炉
关闭

温度降低

负反馈

寻求负反馈

在**负反馈回路**中，系统会对激励做出反向响应，从而保证整体稳定或平衡。例如，物种的种群增长会导致对食物供应的过度消耗；这会造成种群数量减少，从而导致可用食物增加；这又促进了种群增长，重复这一过程，直到达到理论平衡为止。

在**正反馈回路**中，系统会对激励做出同向反应，进一步破坏平衡。例如，外来种侵占本地种的食物供应；本地种撤离到偏远的领地；外来种又会进一步扩大其活动的地理范围，导致本地种继续撤离。

大多数工程系统依赖于负反馈。在某些情况下，例如需要动量时，可能需要构建正反馈回路。

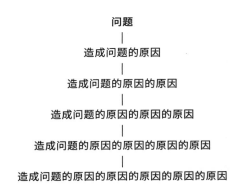

问题
|
造成问题的原因
|
造成问题的原因的原因
|
造成问题的原因的原因的原因
|
造成问题的原因的原因的原因的原因
|
造成问题的原因的原因的原因的原因的原因

扩大问题的范围

几乎每个问题都会比起初看起来要大。预料到这点，最好在一开始就扩大问题的范围，不是为了增加工作量，而是因为问题的范围几乎肯定会自行扩大。若后续发现解决方案不充分时再尝试扩大问题的范围，则会困难重重，不如后期缩小问题的范围简单。

火车通行的最大坡度
不能超过 3%

河流

汽车通行的极限坡度不能超过
25%（大约和旧金山一条街道
的坡度一致）

唐克汉诺克高架桥

唐克汉诺克高架桥

克拉克斯峰-霍尔斯特德近道是特拉华—拉克万纳—西部铁路公司提出的用于取代纽约州宾厄姆顿和宾夕法尼亚州斯克兰顿之间复杂铁路线的平直铁路线。该条路线的关键在于它需要穿越位于尼科尔森的唐克汉诺克河。这条河宽75英尺，且位于一个十分陡峭的山谷中，火车无法爬升和下降，因此需要建造一条长2 375英尺、宽240英尺的桥。

该建设从1912年开始，于1915年完工。一共修建了13个桥墩，其中最深的桥墩下沉到岩床12层楼的深度。整个项目使用了1 140吨钢和16.7万立方码[1]混凝土，足够覆盖一个7层楼高的足球场。这座高架桥在建成后至少50年内一直是世界上最大的混凝土结构，至今仍在使用中。

80

---

1 1立方码 ≈ 0.76立方米。——编者注

化学家
研究化学相互作用和影响，发明新
的溶剂、聚合物和药物

化学工程师
将化学实验室的发现转化为大规模
的工业生产

几乎所有东西都是化学品，而化学品几乎都有危险性。

化学品在工程中有其适用范围。在某些浓度阈值以下，化学品无法在工业生产中发挥作用，而在浓度过高的情况下，它们又具有毒性，且难以把控。甚至水也是一种化学品，而大量饮用水也会产生危险。摄入过量的水会改变身体的化学平衡，消耗电解质，损害器官功能，并导致死亡。

81

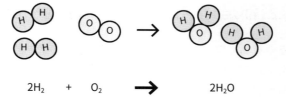

$2H_2$ + O_2 ⟶ $2H_2O$

在氢原子和氧原子反应生成水的过程中，原子的数量保持平衡

化学方程从严格意义上讲不是一个方程

化学方程并不是传统数学意义上的方程，而是表示化学反应的方向和结果。当反应物放在一起时，它们相互作用，形成新的化合物或产物：

$$反应物 + 反应物 \rightarrow 生成物$$

在方程中，"+"表示"与……反应"，"→"表示"生成"。不过，这里有一个相等原则，即原子不会被创造或消灭。因此，尽管原子会被重新排列成新的分子，但每种类型原子的数量在反应前后是保持不变的。

82

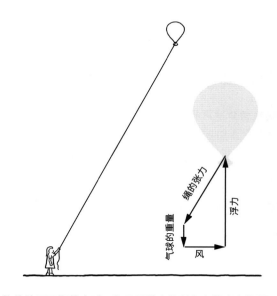

气球的重量　绳的张力　浮力　风

物体处于平衡状态时，作用于其上的所有力的合力为零，
各个力的矢量形成一个闭合多边形

平衡是动态的，而非静态的。

　　两种化学物质接触并发生反应后，会达到平衡状态，此时反应似乎已经停止。其中一部分化学物质将结合成新的化学产品，而其他部分似乎不受影响。然而，即使在平衡状态下，混合物也可能保持活性，即生成物的一部分可能会重新分解成反应物，而其他反应物则会结合成新的生成物。但总体上，分解和结合的速率相同，系统整体未发生变化。

　　结构平衡同样是动态的。虽然处于静止状态，但结构元素却悄无声息地持续运作，以保证作用于其上的各种力相互抵消，达到合力为零的状态。若非如此，结构就会加速、减速或改变运动方向。

83

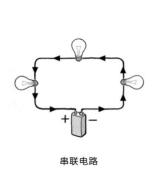

串联电路

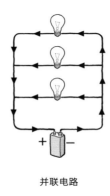

并联电路

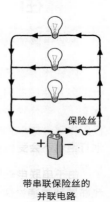

带串联保险丝的
并联电路

电流需在闭合回路内工作

串联电路采用单回路，该回路将电路中的每个设备首尾相连后回到电源。每个器件会降低其他设备的可用电压；灯泡的数量越多，就越暗。如果一个灯泡烧坏，电流路径就会中断，所有的灯泡都会熄灭。

在**并联电路**中，每个设备都会单独从电源获得电流，而无须流经其他设备。电路中每个位置的电压相同，所以灯泡的数量不会影响它们的亮度。如果一个灯泡烧坏了，其他灯泡也不会受到影响。

由于串联电路的局限性，城市和建筑物内部采用并联电路输送电力。不过，保险丝和断路器是**通过串联的形式接入并联电路**进行工作的。当电涌导致保险丝"熔断"时，它可以像串联电路中烧坏的灯泡那样中断电流，以避免对系统中的其他设备造成损坏。

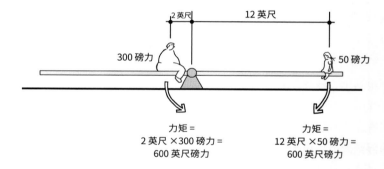

84

2 英尺   12 英尺

300 磅力   50 磅力

力矩 =
2 英尺 ×300 磅力 =
600 英尺磅力

力矩 =
12 英尺 ×50 磅力 =
600 英尺磅力

跷跷板的工作原理是力矩平衡

力矩用来衡量绕某一点旋转的趋势，用下面的方程表示：

$$力矩 = 力 \times 垂直距离$$

无论力施加在何处，使给定物体绕给定点旋转所需的力矩是恒定的。例如，在距离铰链一定距离处施加必要的力可以打开一扇门，那么在距离的二分之一处施加两倍的力，或者在距离的四分之一处施加四倍的力都可以把门打开。在以上情况中，力乘以垂直距离所得的力矩值都是相等的。

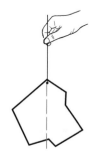

85

1. 将物体悬挂在一点上，画出铅垂线。

2. 将物体悬挂在另一点上，画出第二条铅垂线。

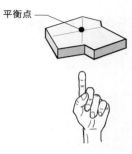

平衡点

3. 物体在两条铅垂线的交点可以保持平衡。

如何定位一个扁平的不规则物体的质心

重心

　　一个物体的重心是由其组成的每一微小部分的平均位置决定的，是物体保持平衡的点。在重力均匀的环境中，密度均匀的物体的形心（几何中心）、重心和质心是相同的。

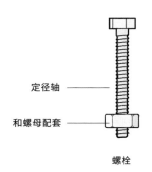

86

定径轴 ————

和螺母配套 ————

螺栓

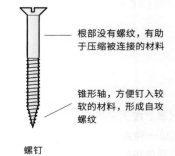

———— 根部没有螺纹，有助于压缩被连接的材料

锥形轴，方便钉入较软的材料，形成自攻螺纹

螺钉

无须画蛇添足称"柱"为"支撑柱"

梁就是梁，无须称作支撑梁，尽管一般认为它是起支撑作用的。柱和梁指代不同的结构：柱是垂直的，而梁是水平的。柱通常是由钢、混凝土或砖石制成的；如果材质是木头，一般称其为木桩。没有"核"工程师，也没有"砖墙"。建筑物的基础建立在地基上，而不是脚上。厨房里的水槽叫作水槽，而在浴室里则被称为盥洗盆。螺栓和螺钉不是一回事。按大多数标准，机器螺钉的名称是错误的；它实际上更像螺栓。钢不是纯金属，而是一种合金；不锈钢不是不会生锈，只是不容易生锈。热水加热器其实就是热水器，热水已经是热的了，自然无须再加热。

87

不仅要阐明"做了什么"，还要阐明"为什么这么做"。

　　当把一个设计概念交给其他设计师去开发时，要让他们了解到目前为止所做决策的原因，不论是技术上的、工效学上的、个人的还是其他的。阐明你的意图，可以帮助他们理解并保留项目最关键的目标，同时给他们空间去探索你没想到的可行方案。

　　同样，当设计师寻求你的帮助时，要详细询问已做决策和设计目标，了解背后的原因，确保彼此对设计任务的期望是一致的。

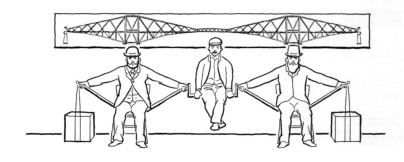

1887 年，福斯铁路桥的工程师约翰·福勒、渡边嘉一和本杰明·贝克
展示了它的结构系统

所有的工程师都会计算，优秀的工程师善于沟通。

科学概念、分析过程和数学计算等用于解决工程问题的方法已经发展了数百年。在其早期阶段，工程师使用基于数学、化学和物理学的统一工程语言来沟通，因此世界上任何地方开发的工程解决方案都可以被每个工程师有效地阅读和理解。

随着工程专业越来越多，工程"方言"也随之出现。现在，工程师必须了解他们所从事的领域内高度专业化的术语和概念，同时必须能够将它们翻译成客户、终端用户和其他工程师理解的日常用语。

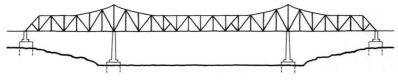

常见的双悬臂桁架桥

后跨　　　悬臂　　　＋　　　由悬臂支撑的简支跨　　　＋　　　悬臂　　　后跨

结构工作原理

名称不重要，重要的是如何辨认悬臂桥。

　　大多数大型桥梁——斜拉桥、悬索桥、钢桁架桥和一些混凝土拱桥——都是用悬臂法建造的。首先在河流或峡谷中建造混凝土墩（通常还有塔），然后将结构构件逐渐向两个方向以悬臂的方式延伸。这种方法在施工过程中可以保证荷载平衡，并允许从已建成的区域向未建成的跨度部分进行工作推进。最终，两个墩／塔的悬臂部分在中间会合，而另外两端则会同两岸连接。

　　斜拉桥、悬索桥和混凝土拱桥建成后，并不会以悬臂系统的形式运行，而是根据各自的特点进行命名。然而，用悬臂法建造的钢桁架桥通常会以悬臂结构的方式运行，因而被归类为悬臂桥。但奇怪的是，即使是那些用悬臂法建造但不以悬臂结构的方式运行的钢桁架桥，也会被归类为悬臂桥。

画家
音乐家

技术作家
作家

时装设计师　英语教师

计算机程序员　神职人员

工程师　　化学教师
机械师　银行家　商人　顾问

随机假设 #2

　　这个世界上的人可以被分成三类：一类是喜欢通过语言交流来同世界建立有意义的联系的人，他们善于通过书面、口头和符号沟通；另一类是倾向于同其他人和人类事业建立共情联系的人；还有一类是主要通过和实物建立关系来感受世界的人，但他们不仅仅是"喜欢"实物，而且是从他们所关心的事物的角度去理解世界。

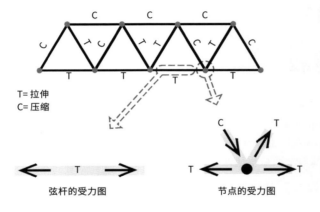

T= 拉伸
C= 压缩

弦杆的受力图

节点的受力图

在弦杆和节点间转换角色

当你分析一个复杂的问题时，如果感到困难，可以抛弃自己外部观察者的身份，转换角色，从被分析事物的角度出发去看待问题。想象自己成为这个事物，思考你会受到哪些力的作用，你会经历什么样的内应力，你需要怎样反应才能保持稳定而不扭曲、转动、变形、被推倒或被加速。

在分析桁架结构时，需要不断地在弦杆和节点之间切换视角。如果不这样做，可能会对力的作用方向做出错误的判断。例如，当一条弦杆处于拉伸状态时，很容易判断其所受力的作用方向朝外。但是，在与同一弦杆连接的节点处，力的作用方向相反——指向弦杆。这是因为在拉伸状态下，所有涉及的构件以及每个构件的各个部分都受到张力的作用，而从自己的角度看，每个构件和部分的张力都是朝外的。

$$满足感 = \frac{回报}{付出}$$

活动满足感

$$\frac{回报}{付出} \longleftrightarrow \frac{回报}{付出}$$

活动对比

$$\frac{回报}{付出} \longleftrightarrow \frac{同事的回报}{同事的付出}$$

工作情况对比

$$\frac{回报}{付出} \longleftrightarrow \frac{同伴的回报}{同伴的付出}$$

人际关系对比

满足感的工程化理解

人们从一项活动中得到的满足感可以被概念化地量化为回报与付出的比率。一个人认为一项努力是值得的，并不一定是因为回报超过付出，关键是将自己的情况与其他可能的情况或同伴的情况进行比较。当人们感到回报公平时，即他们的比率至少与同伴的比率相同时，他们更有可能被激励。当人们感到回报不公平时，他们则会失去兴趣和动力，也可能会产生不满或抱怨的情绪。若出现超额回报，他们可能会感到内疚。

在人际关系中，同伴之间的付出和回报可能不会完全平等，但如果他们的回报和付出的比率相同，他们就会感到满足。

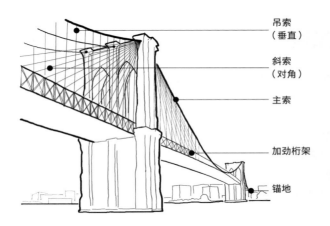

吊索
（垂直）

斜索
（对角）

主索

加劲桁架

锚地

工程背后的人的故事

作为美国创新和乐观主义的象征，布鲁克林大桥的建造一开始就不顺利。工程师约翰·奥古斯都·罗布林在查看现场时被一艘渡船的踏板夹住脚，导致几个脚趾被切除，最终因感染破伤风而身亡。在临死之际，他任命年仅 32 岁的儿子华盛顿接手该项目。不到三年，年轻的华盛顿·罗布林在一次高压舱过快出舱时病倒，身体状况急剧恶化，几乎瘫痪，被迫在接下来的 11 年里一直卧床在家。他的妻子埃米莉负责监督完成了这个项目。

1883 年 5 月，在 20 多名工人牺牲之后，这座世界上最长，也是第一座使用钢丝的悬索桥向公众开放。华盛顿·罗布林未能出席典礼。在典礼上，埃米莉首先过桥，接着是 1 800 辆车和 15 万名行人。

一些纽约人对桥的牢固性持怀疑态度。这座悬索桥比以往任何一座悬索桥都长 50%，而且在建造过程中发现成缆承包商提供的钢丝质量较差。当时，罗布林安装了 250 根额外的电缆，从桥塔到桥面呈对角线连接。这使得这座桥变成了混合式悬索 / 斜拉结构，并赋予了它独特的优雅和蛛网状的外观。但这并未消除人们的疑虑。大桥开放几天后，桥上的一名女子放声尖叫，导致数百人惊慌失措，12 人死亡。

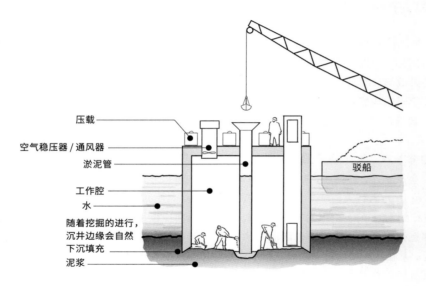

压载

空气稳压器 / 通风器

淤泥管

工作腔

水

随着挖掘的进行，
沉井边缘会自然
下沉填充

泥浆

驳船

桥梁沉箱截面图

设计之外还有设计

如果一款产品的设计很出色，但制造它的过程不现实或不经济，那么就不能算是真正的好设计。一辆创意极佳的替代燃料汽车，如果没有设计和实施覆盖广泛地理区域的加油基础设施，就难以成功。一个巧妙的建筑细节，如果不能给建筑工人留下操作工具所需的空间，就不算是真正的巧妙设计。一个设计良好的桥墩，如果没有同时设计出一种在河中央挖掘泥土和浇筑混凝土的工程流程，就无法真正建成。

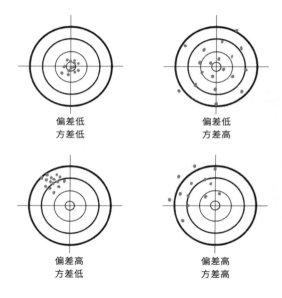

偏差低
方差低

偏差低
方差高

偏差高
方差低

偏差高
方差高

偏差是预测值与实际值之间的差异，**方差**是一组数据点与其平均值之间的平均距离

确定一个衡量结果的基准

　　工程解决方案必须能够客观、可量化地表现出改进的效果。这就需要建立一个起始状态，以便与之进行比较。在设计过程开始时，特别是当不同利益相关者对结果有不同的看法和评价时，需要就用于衡量改进效果的基准达成一致，并将其公之于众。在改进前后进行准确的测量，并在整个设计过程中重新审视基准，检查其相关性。如果基准不再适用，应放弃它，但不要放弃使用基准的做法。应确定另一个更相关的基准，以证明方案的可行性。

最重要的是让最重要的事情始终保持最重要的地位。

——唐纳德·P. 科杜托,《基础设计》

97

桥塔
为鹰类提供筑巢地点

高速公路护栏
石笼墙采用废石块建造，既便于植物
攀爬，又可以防止涂鸦

立交桥
路下方的架子可以为
蝙蝠所用

废水处理
产生的甲烷废气可用于发电

做对事，也要多做事。

　　工程是一个专业领域，工程师的使命在于解决具体问题。不要被所有其他可能性分散注意力，以至于忘记了你必须做的事情。但也不要过分专注于某一件事情，导致你缺少精力去做更多的事情。

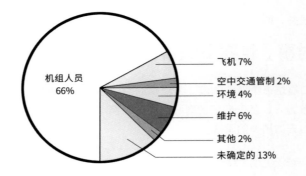

机组人员
66%

飞机 7%

空中交通管制 2%

环境 4%

维护 6%

其他 2%

未确定的 13%

世界范围内飞机事故的原因[1]

1 插图数据改编自 "Global Fatal Accident Review, 1997—2006"，英国民航局。

工程问题的解决方案可以是非技术性的

　　1977 年 3 月 27 日，一架泛美航空公司的 747 客机正在加那利群岛特内里费北机场的跑道上滑行，当时一架荷兰皇家航空公司的 747 客机正试图起飞。结果两架客机相撞，造成 583 人死亡，这是有史以来航空事故中死亡人数最多的一次。造成该事故的客观因素有很多，包括：

- 附近一个较大的机场暂时关闭，导致该机场交通异常繁忙
- 许多飞机停在滑行道上，使滑行情况变得复杂
- 浓雾严重降低了可见度
- 缺少地面雷达，管制员只能依靠无线电确定飞机的位置
- 同时进行的无线电传输相互干扰，无法准确听清信息，导致荷兰皇家航空公司机长不顾副驾驶员的担忧擅自起飞

这场灾难发生后，整个行业进行了许多调整，包括：

- 禁止使用"起飞"（takeoff）一词，除非控制塔授权飞机起飞。在其他时候，应使用"离开"（departure）或其他术语。
- 整个行业的机组人员都接受了再培训，鼓励低级别的机组成员在有任何担忧时向机长阐明立场，要求机长在做出所有决策时考虑机组成员的担忧。

99

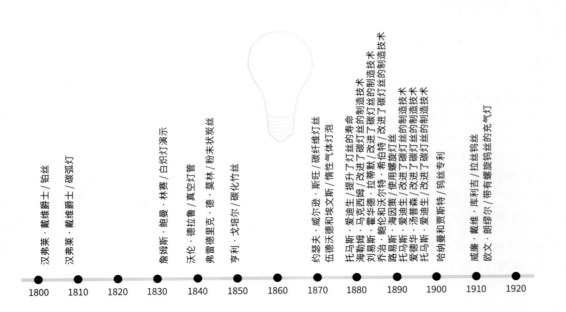

汉弗莱·戴维爵士 / 铂丝

汉弗莱·戴维爵士 / 碳弧灯

詹姆斯·鲍曼·林赛 / 白炽灯演示

沃伦·德拉鲁 / 真空灯管

弗雷德里克·德·莫林 / 粉末状炭丝

亨利·戈培尔 / 碳化竹丝

约瑟夫·威尔逊·斯旺 / 碳纤维灯丝
伍德沃德和埃文斯 / 惰性气体灯泡

托马斯·爱迪生 / 提升了灯丝的寿命
海勒姆·马克西姆 / 改进了碳灯丝的制造技术
刘易斯·霍华德·拉蒂默 / 改进了碳灯丝的制造技术
乔治·鲍伦和沃尔特·希伯特 / 使用螺旋灯丝
路易斯·海因策 / 改进了碳灯丝的制造技术
托马斯·爱迪生 / 改进了碳灯丝的制造技术
爱迪生·汤普森 / 改进了碳灯丝的制造技术
托马斯·爱迪生 / 钨丝专利

哈纳曼和贾斯特 / 钨丝专利

威廉·戴维·库利吉 / 拉丝钨丝
欧文·朗缪尔 / 带有螺旋钨丝的充气灯

1800　1810　1820　1830　1840　1850　1860　1870　1880　1890　1900　1910　1920

托马斯·爱迪生在电灯泡发明中的贡献

发明多为改进

　　伟大的发明通常是在先前成就的基础上逐渐改进的。吉迪恩·桑德巴克于 1917 年发明了现代拉链。然而，早在 18 年前，惠特康·贾德森就已经开发出了"扣锁"，而缝纫机的发明者伊莱亚斯·豪也在 40 多年前申请了"连续自动衣服闭合器"的专利。桑德巴克用"勺形凹槽"齿取代了早期设备的钩与扣眼扣件，增加了每英寸紧固件的数量，并采用了我们目前熟悉的滑动机构来进行打开和关闭操作。在桑德巴克为他的"可分离紧固件"申请专利六年后，B. F. 古德里奇在他的公司推出配有桑德巴克拉链的胶套鞋时创造了拟声词"Zipper"。

哲学家
思考人类努力
的范式、意义
和价值

科学家
通过假设和实验探
究自然原理

工程师
根据已证科学原理
设计有用的东西

技术员
使用已知方法
检查和排除故障，
实施技术

用户
期望无缝应用，
通常缺乏技术
知识

伟大的连续体

　　工程既涉及解决深刻的人类问题，又贯穿日常生活的方方面面，是一个连续体。如果工程师缺乏对这个连续体的认识，就会倾向于机械地执行程序。那些有意识地遵循连续体规律的工程师，能更好地适应时代的变化，处理突如其来的挑战，以及应对陌生的环境。那些跨连续体工作的人最有可能为社会带来新的创新和贡献。